Sitzungsberichte
der
Heidelberger Akademie der Wissenschaften
Stiftung Heinrich Lanz

Mathematisch-naturwissenschaftliche Klasse

*) *Jahrgang 1921 erschien im Verlage von Carl Winters Universitätsbuchhandlung in Heidelberg.*

Im Verlag von Walter de Gruyter & Co. vormals G. J. Göschen'sche Verlagshandlung — J. Guttentag, Verlagsbuchhandlung — Georg Reimer — Karl J. Trübner — Veit & Comp., Berlin erschienen:

Abteilung A. Mathematisch-physikalische Wissenschaften.

Jahrgang 1922.

1. Perron, Oskar. Neue Summationsmethoden und Entwicklungen nach Polynomen. Reichsmark 0·30
2. Perron, Oskar. Über transzendente Funktionen auf Riemannschen Flächen. Reichsmark 0·60
3. Baldus, Richard. Uber die singulären Punkte reeller Parameterkurven. Reichsmark 0·50

Jahrgang 1923.

1. Deecke, W. Mitteleuropäische Meeresströmungen der Vorzeit. Reichsmark 0·60
2. Liebmann, Heinrich. Die Lie'sche Cyklide und die Inversionskrümmung. Reichsmark 0·40
3. Perron, Oskar. Über Gleichungen ohne Affekt. Reichsmark 0·40
4. Liebmann, Heinrich. Beiträge zur Inversionsgeometrie III. Reichsmark 0·40
5. Kratzert, J. Beitrag zur Kenntnis des Andesins von Bodenmais Reichsmark 0·50

Jahrgang 1924.

1. Th. Curtius und A. Bertho. Einwirkung von Stickstoffkohlenoxyd und von Stickwasserstoffsäure unter Druck auf aromatische Kohlenwasserstoffe. Reichsmark 0·50
2. Liebmann, Heinrich. Umkehrung des Variationsproblems der ebenen Affingeometrie. Reichsmark 0·60
3. Salomon, Wilhelm. Die Intensitäten alluvialer und diluvialer geologischer Vorgänge und ihre Einwirkung auf die pliocäne Rumpffläche des Kraichgaues und Odenwaldes. Reichsmark 1·20

[Fortsetzung siehe 3. Umschlagseite.]

*) Bestellungen auf solche Veröffentlichungen der math.-naturw. Klasse, welche früher im Verlag von Carl Winters Universitätsbuchhandlung in Heidelberg erschienen sind nimmt auch der Verlag Walter de Gruyter & Co., Berlin, entgegen.

Sitzungsberichte
der Heidelberger Akademie der Wissenschaften
Stiftung Heinrich Lanz
Mathematisch-naturwissenschaftliche Klasse
Jahrgang 1926. 4. Abhandlung.

Über Anlagen von Organen, die nicht zur Ausbildung gelangen

Von

Max Ernst

Aus dem Anat. Institut Heidelberg

Vorgetragen in der Sitzung vom 12. Dezember 1925
von Herrn Kallius

Eingegangen am 8. Mai 1926

Berlin und Leipzig 1926

Walter de Gruyter & Co.

vormals G. J. Göschen'sche Verlagshandlung / J. Guttentag, Verlagsbuchhandlung / Georg Reimer / Karl J. Trübner / Veit & Comp.

Über Anlagen von Organen, die nicht zur Ausbildung gelangen.

Ausgedehnte Untersuchungen an Wirbeltieren über den Untergang von Zellen während der Entwicklung ergaben, daß fast alle Entwicklungsmechanismen mit einem Verlust von normalem Gewebe verbunden sein können. Daneben fanden sich aber auch Degenerationen an Stellen, an denen morphologisch keine Besonderheiten festzustellen waren und die so einer Deutung Schwierigkeiten machten. Erst nachdem ein gewisser Überblick über die ganze Frage des Zelluntergangs gewonnen war, ließ sich das diesen Punkten Gemeinsame herausarbeiten, und es ergaben sich zwei für die Ontogenie und Phylogenie wichtige Tatsachen:

1. Die zu einer Organanlage gehörenden Zellen können, ohne daß dies mikroskopisch nachweisbar wäre, schon so weit spezialisiert sein, daß sie bei fortschreitender Entwicklung zugrunde gehen müssen, weil das betreffende Organ nur unvollständig oder überhaupt nicht zur Ausbildung gelangt. Es findet also kein Umbau der Zellen statt, sondern immer eine völlige Auflösung.

2. Phylogenetisch höhere Tiere legen Organe, die bei ihnen morphologisch nicht zur Ausbildung kommen, an, lösen aber diese Organe sehr frühzeitig wieder auf.

Ich will in folgendem einige Befunde, die hierfür Anhaltspunkte geben, anführen. Es ist bekannt, daß es in den Kopfganglien von Petromyzon zu starkem Zellzerfall während der Umbildung des Nervensystems, das ja eine erhebliche Reduktion erfährt, kommt. Es muß aber besonders darauf hingewiesen werden, daß der Zelluntergang zu einem Zeitpunkt auftritt, in dem eine Differenzierung des das Ganglion darstellenden Zellkomplexes noch nicht stattgefunden hat, die Zellen vielmehr noch ihren indifferenten, epithelialen Charakter aufweisen. Es laufen demnach in dem Ganglion während der Reduktion des Nervensystems zwei Vorgänge nebeneinander her: einmal findet eine Entwicklung der Epithelzellen zu Ganglienzellen statt, daneben kommt es zum Verlust von Zellen, die ihrer Lage nach als zum Nervensystem gehörig kenntlich sind, die aber bei der mikroskopisch wahrnehmbaren Umbildung der Einzelzelle zur spezifischen Ganglienzelle diesen Prozeß nicht mitmachen. Aus der Auflösung der nicht weiter zur Entwicklung kommenden Zellen müssen wir schließen, daß diese doch schon einen gewissen Differenzierungsgrad erreicht haben, der vielleicht nur funktioneller Natur ist, jedenfalls aber morphologisch nicht wahrgenommen werden kann. Den Untergang dieser Zellen, die, histologisch noch nicht als Ganglienzellen kenntlich, durch ihre Lage aber ihre Zugehörigkeit zu einem Ganglion erkennen lassen, habe ich in der Wirbeltierreihe weiter verfolgt. Als Resultat — die Einzelheiten sind an anderer Stelle beschrieben — möchte ich in Kürze anführen, daß Degenerationen in den Ganglien der viscero-motorischen Nerven — auf diese kommt es zunächst allein an — bei Fischen nicht vorkommen. Dagegen finden sie sich bei Urodelenlarven auf Stadien, in denen die Reduktion der Kiemenblättchen im Gange ist. Bei den Anuren, bei denen die Umstellung der Kiemen- zur Lungenatmung durch Aufbau von inneren Kiemen langsamer vor sich geht, die Kiemenbogen also nicht so plötzlich ihre ursprüngliche Bestimmung verlieren, sind Zelldegenerationen in den Ganglien nicht oder nur ganz vereinzelt zu finden. Dagegen sind die Reduktionserscheinungen bei allen untersuchten Amnioten vorhanden. Es zeigen sich Unterschiede bei den einzelnen Klassen in Bezug auf den Zeitpunkt, in dem die Degenerationen zu finden sind, und zwar treten in der phylogenetisch höher entwickelten Klasse die Degenerationen beträchtlich früher auf als bei den niederen. Als Beispiel will ich nur anführen, daß die Degenerationen in den Ganglien des Trigeminus, Facialis, und der Vagusgruppe beim Axolotl bei einem Embryo von 38 mm am ausgeprägtesten vorhanden sind, daß sie dagegen beim Menschen wie auch bei allen Säugetieren nur in ganz frühen Stadien, etwa zur Zeit der Ausstülpung der Augenblase vorkommen. Wir können somit folgende Tatsachen festlegen:

1. Reduktion des Nervensystems bei Petromyzon ist mit Untergang noch nicht differenzierter — von solchen ist auch in folgendem nur die Rede — Ganglienzellen verbunden, wobei wir „nicht differenziert“ im oben dargelegten Sinne verstehen.

2. Bei Fischen, bei denen die Kiemen unverändert zeitlebens erhalten bleiben, finden sich keine Zelldegenerationen in den Ganglien der viscero-motorischen Hirnnerven.

3. Bei allen Wirbeltieren, bei denen der Kiemenapparat angelegt, aber rückgebildet wird, kommt es zu ausgedehntem Zellzerfall in den Kopfganglien.

4. In den Kopfganglien der Insekten findet während der Metamorphose ein analoger Zellzerfall statt.[1])

Diesen Beobachtungen müssen wir entnehmen, daß für die Entwicklung der Ganglien der viscero-motorischen Nerven eine bestimmte Anzahl von Epithelzellen bereitgestellt wird, die zur Innervation des Kiemengebietes nötig ist. Treten Reduktionen im Versorgungsgebiet auf, wie bei 1, 3 und 4, so wird der Bedarf an Ganglienzellen vermindert bzw. verändert, es geht deshalb ein Teil der Organanlage zugrunde, obwohl eine Differenzierung zu Ganglienzellen noch nicht nachzuweisen ist. Für unsere Frage kommt es besonders darauf an, daß in der ganzen Wirbeltierreihe nicht nur die Kiemenbogen als vorübergehende Bildung auftreten, sondern daß auch zugehörige Nervenzentren angelegt werden, die dann bei Umbildung des Kiemenapparates aber schon zur Auflösung gelangen, bevor sie überhaupt zum funktionierenden Organ ausgebildet sind.

Weitere Vorgänge, die in diesem Sinne gedeutet werden müssen, fand ich bei der Entwicklung der Urniere. Die Anzahl und Anordnung der zur Ausbildung kommenden Urnierenkanälchen ist bei den einzelnen Säugetieren verschieden. Beim Schwein ist die Zahl der Kanälchen von vornherein erheblich größer als die Zahl der Segmente, die Kanälchen liegen in regelmäßigen Abständen nebeneinander und unterscheiden sich nur dadurch, daß die kranialen einen größeren Durchmesser haben als die kaudalen. Auch beim Kaninchen und Maulwurf ist die Anlage der Urniere eine ausgedehnte, doch besteht hier schon ein Unterschied gegen die Anlage beim Schwein insofern, als die Kanälchen in dem kaudalen Teil des Wolffschen Ganges in geringerer Zahl liegen und durch unregelmäßige Zwischenräume getrennt werden. In derselben Weise ist dies für den Menschen, der in bezug auf die Ausbildung der Urniere ja zwischen Kaninchen und Maulwurf steht, festgestellt. Solange noch keine nachgebildeten (sekundären) Urnierenkanälchen zur Entwicklung gekommen sind, deren Auftreten beim Menschen und Kaninchen das Bild in späteren Stadien kompliziert, finden sich in den kranialen Segmenten immer viel mehr Urnierenkanälchen als in den kaudalen Teilen (s. auch Keibel-Mall, Handb. d. Entw.geschichte). Bei der Maus, bei der die Urniere nur rudimentär entwickelt ist, ist die Anzahl der Kanälchen gering, sie kommen überhaupt nur in den kranialen Teilen zur Entwicklung und liegen hier sehr weit auseinander. Es besteht also entsprechend der Höhe der Entwicklung, die die Ur-

[1]) Domingo Sanchez y Sanchez. L'histolyse dans les centres nerveux des insectes. Travaux du laboratoire des Recherches biologiques de l'université Madrid 1923.

niere bei den einzelneu Tieren erreicht, eine Übereinstimmung zwischen der Ausbildung des Gesamtorganes und der Anzahl der Kanälchen, und zwar derart, daß die Verminderung der Kanälchenzahl vor allem im kaudalen Teil des Wolffschen Ganges stattfindet, während die kranialen immer relativ deutlich vorhanden sind. In diesen kaudalen Teilen des Urnierenblastems sind nun regelmäßig Zelldegenerationen anzutreffen, deren Häufigkeit und Ausdehnung in umgekehrtem Verhältnis steht zu der Anzahl der vorhandenen Urnierenkanälchen. Während beim Schwein im Mesenchym um die Urnierenanlage überhaupt keine Degenerationen anzutreffen sind, finden wir beim Kaninchen und Maulwurf da, wo die Kanälchen unregelmäßiger und in größeren Abständen angeordnet sind, einzelne zugrunde gehende Zellen in unmittelbarer Fortsetzung der Kanälchen; bei der Maus liegt im Mesenchym zwischen dem untersten Kanälchen und der Einmündung des Wolffschen Ganges in den Sinus urogenitalis ein ausgedehnter Herd von zugrunde gehenden Zellen (siehe Tafel). Die Anzahl der Degenerationen ist um ein Vielfaches größer als bei den oben erwähnten Tieren, doch ist ja auch der Unterschied zwischen der Urniere des Meerschweinchens und der Maus viel größer als zwischen den Urnieren aller übrigen Säugetiere. Die Degenerationen im Urnierenblastem kommen in größter Ausdehnung bei Embryonen im Stadium der primären Augenblase vor und dauern nur kurze Zeit. Sobald die Abschnürung des Linsenbläschens vollzogen ist, finden sie sich nicht mehr.

Die vergleichenden Untersuchungen an Säugetieren ergeben also, daß bei den Tieren, bei denen die Ausbildung der Urnierenkanälchen im kaudalen Teil eine mangelhafte ist, im Mesenchym vor und medial vom primären Harnleiter ein Zellzerfall stattfindet, der um so ausgedehnter ist, je geringer die Anzahl der Urnierenkanälchen ist. Diese Wechselbeziehungen zwingen zu dem Schluß, daß die zugrunde gehenden Zellen dem Urnierenblastem angehören und den Teil des Muttergewebes darstellen, in dem eine Ausbildung der Kanälchen nicht stattfindet. Der Vorgang ist prinzipiell der gleiche wie bei den Kopfganglien, der Unterschied liegt einzig darin, daß dort die Organanlage durch Bildung eines Zellkomplexes abgrenzbar ist, während wir sie (siehe Tafel) nur aus der topographischen Lage der Degenerationen erschließen können.

Die bisher beschriebenen Beobachtungen veranlaßten mich, auch die Vorniere auf diese Vorgänge hin zu untersuchen. Ich fand bei menschlichen Embryonen von etwa 2,5–3 mm Länge in Höhe des 3.–10. Ursegmentes regelmäßig Degenerationen, die im Retroperitonaeum zwischen Aorta und Venae cardinales lagen, manchmal auch in eine Falte, die das Coelom vorbuchtete, eingelagert waren. Bei einem

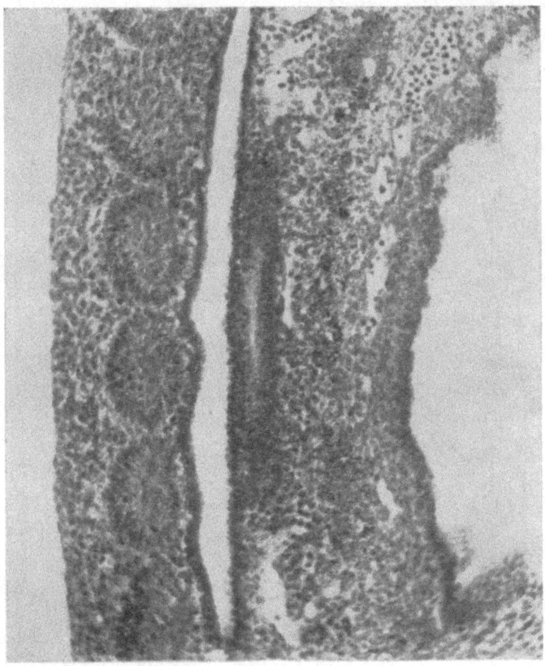

Abb. 1. Maus. Embryo c_1. $T._9$, $Pl._2$.
Länge des Wolff'schen Ganges (*a*) zahlreiche zugrunde gehenden Zellen (*b*).

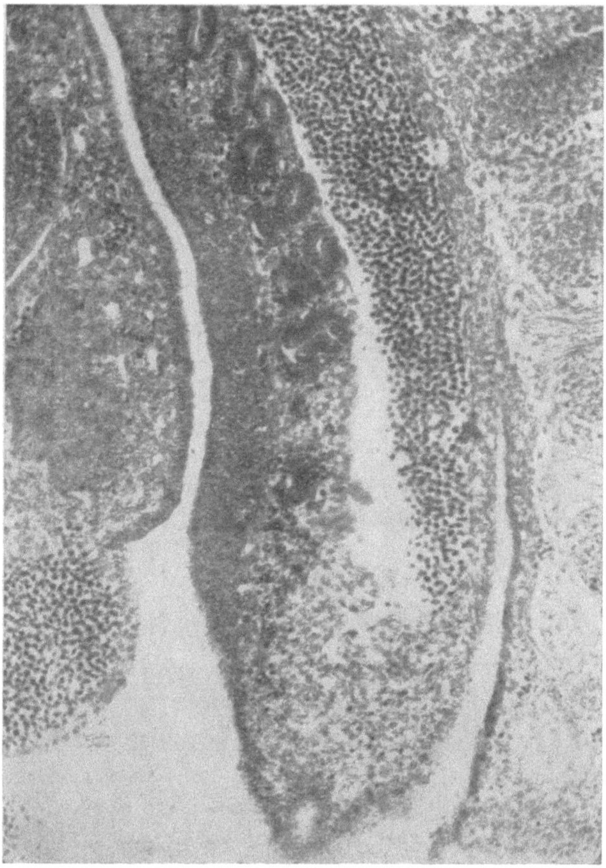

Abb. 2. Maus. Embryo ϑ_2. $T._9$ $Pl._2$.
Caudalwärts von den letzten Urnierenkanälchen großer Degenerationsherd.

Embryo liegen neben den Chromatinbröckchen auch noch Reste der Vornierenkanälchen in Gestalt von isolierten Zellkugeln. Der Höhepunkt der Vornierenentwicklung ist um diese Zeit schon vorbei. Die Degenerationen sind nun viel zahlreicher und ausgedehnter, als die Vornierenkanälchen jemals ausgebildet werden. Es geht daraus hervor, daß wir in den zugrunde gehenden Zellen nicht nur die Reste der Vornierenkanälchen haben, sondern auch die des Vornierenblastems selbst.

Bei den untersuchten Säugetieren fand ich regelmäßig an einer Stelle im Vorderhirn Zelluntergang, für den ich zunächst keine Erklärung finden konnte, der sich aber zwanglos hier einreihen läßt. Bei Maus, Kaninchen und Talpa liegt auf etwa gleich entwickelten Stadien, ungefähr zur Zeit der Umbildung der Augenblase, regelmäßig eine Gruppe von Chromatinklümpchen im Prosencephalon unmittelbar vor dem Diencephalon in der Medianlinie, also an einer Stelle, die der Paraphysengegend entspricht. Nach den allgemein geltenden Anschauungen wird dieses Organ bei den oben erwähnten Tieren nicht angelegt. Wir glauben, daß uns die Übereinstimmung der Lokalisation des Degenerationsherdes mit der Paraphyse niederer Tiere dazu berechtigt, einen Zusammenhang zwischen beiden anzunehmen, und zwar derart, daß die Zellen zur Anlage der Paraphyse bereitgestellt werden, aber vor der morphologischen Ausbildung des Organs zugrunde gehen.

Das Gemeinsame dieser Beobachtungen an ganz verschiedenen Körperstellen bei zahlreichen Embryonen liegt darin, daß wir beim phylogenetisch höher entwickelten Tiere Zelluntergang an den Stellen finden, an denen das Tier niederer Entwicklungsstufe ein ganzes Organ zur Ausbildung bringt. Den einfachsten Fall haben wir bei den Ganglien der viscero-motorischen Hirnnerven; hier können wir die Organanlage morphologisch wahrnehmen, da das Ganglion ja als solches schon lange vor der Differenzierung der Zellen kenntlich ist. Bei der Vor- und Urnierenentwicklung und der Paraphysenanlage ist die Erkennung der Organanlage im histologischen Bild nur an dem Vorhandensein der Degenerationen möglich.

Daß die Mesenchymzellen schon eine Differenzierung zur Organbildung durchgemacht haben, können wir durch zwei Tatsachen beweisen. Wir finden Reduktionen des Gewebes an den Stellen, wo bei vergleichend-entwicklungsgeschichtlicher Betrachtung eine Organanlage sein müßte, wir dürfen daraus auf das Vorhandensein des Blastems schließen. Einen weiteren Beweis haben wir in dem Auftreten von Hemmungsmißbildungen. Bleibt z. B. die Verschmelzung des mittleren Nasenfortsatzes mit dem Oberkieferfortsatz aus, so entstehen zu beiden

Seiten der Spalte Zwischenkieferanlagen, die meist auch zu einer Verdoppelung des lateralen Schneidezahns führen. Diese Doppelung des Zwischenkiefers ist nur so zu verstehen, daß das Blastem sowohl am Nasen- als auch am Oberkieferfortsatz schon gebildet ist, bevor es mikroskopisch nachweisbar wird, so daß also bei ausbleibender Verschmelzung jedes Stück für sich wachsen kann. Während wir aber nach den bisherigen Untersuchungen nur den Beweis erbringen konnten, daß im Individuum die Organanlage schon vor der morphologischen Ausbildung vorhanden ist, gibt uns die vergleichend-entwicklungsgeschichtliche Untersuchung der bioreduktiven Vorgänge die Möglichkeit, Anlagen von Organen zu erkennen, die morphologisch überhaupt nicht mehr zur Ausbildung kommen. Nur die Beachtung der Degenerationen läßt uns die Stelle finden, wo die Paraphyse zur Anlage kommen sollte, oder beweist, daß die erste Anlage der Vor- und Urniere bei der Maus kaum geringer ist als beim Schwein. So kann das Vorkommen von zugrunde gehenden Zellen ein Hinweis dafür sein, daß an einer Stelle die Anlage eines Organes verborgen liegt. Ich denke hier z. B. an das Tuberculum impar der Zunge, das als rudimentärer Kiemenbogen aufgefaßt wird. In dem Tuberculum impar ist bei allen Tieren eine Stelle, an der dicht gedrängt zugrunde gehende Zellen liegen, die sich auch nach beiden Seiten verfolgen lassen. Da irgendwelche Entwicklungsmechanismen als Ursache des Zellzerfalls gar nicht in Betracht kommen können, halte ich das Auftreten der Degenerationen für eine wertvolle Unterstützung obiger Ansicht.

Zusammenfassung:

1. Die Spezifität der Blastemzellen ist schon zu einem Zeitpunkt vorhanden, in dem von der Gestaltung des Organs noch nichts nachgewiesen werden kann (Zwischenkiefer).

2. Für Organe, die bei höher entwickelten Tieren nicht zur Anlage kommen, können bestimmte Zellgruppen in der Ontogenie reserviert sein; diese sind daran kenntlich, daß sie bei Nichtausbildung des Organs zugrunde gehen (Urniere, Vorniere, Paraphyse).

3. Die vergleichend-entwicklungsgeschichtliche Bewertung des Zelluntergangs gestattet, Organanlagen zu erkennen, die bisher der Betrachtung entgingen.

4. HEFFTER, L. Zur absoluten Geometrie. Reichsmark 0·60
5. VAN WERVEKE, L. Über die Entstehung der lothringischen Lehme und des mittelrheinischen Lößes. Reichsmark 1·50
6. KRULL, WOLFGANG. Die verschiedenen Arten der Hauptidealringe. Reichsmark 0·50
7. ROESER, ERNST. Übergang von der nichteuklidischen Streckentrigonometrie zur Winkelmessung. Reichsmark 0·30
8. WELLSTEIN, JULIUS. Zur Differentialgeometrie der isotropen Kurven. Reichsmark 1·50
9. EWALD, RUDOLF. Die geodynamischen Erscheinungen des krystallinen Odenwaldes als Beispiel einer geoisostatischen Ausgleichsschwingung. Reichsmark 1·50
10. VOELCKER, ILSE. Über eine ganz junge Verwerfung bei Rauenberg im Kraichgau. Reichsmark 0·30
11. LIEBMANN, HEINRICH. Die Aufschließung von Differentialinvarianten Reichsmark 0·50

Abteilung B. Biologische Wissenschaften.

Jahrgang 1923.

1. KOSSEL, A. und R. E. GROSS. Über die Darstellung und quantitative Bestimmung des Arginins. Reichsmark 0·30

Von Jahrgang 1925 ab findet die Trennung in Abteilung A und B nicht mehr statt.

Jahrgang 1925.

1. HEFFTER, LOTHAR. Zur absoluten Geometrie II. Reichsmark 0·50
2. ROESER, ERNST. Die komplementären Figuren der nichteuklidischen Ebene. Reichsmark 0·50
3. FLADT, KUNO. Neuer Beweis für die Zuordnung von rechtwinkligem Dreieck und Spitzeck in der hyperbolischen Elementargeometrie. Reichsmark 0·30
4. SALOMON, WILHELM. Beobachtungen über Harnische. Reichsmark 0·70
5. LOEWY, A. Beiträge zur Algebra. 1—4. Reichsmark 1·—
6. HELLPACH, WILLY. 2. Mitteilung zur Physiognomik der deutschen Volksstämme. Reichsmark 0·30
7. LOEWY, ALFRED. Neue elementare Begründung und Erweiterung der Galoisschen Theorie. Reichsmark 2·—
8. CURTIUS, THEODOR und BERTHO, ALFRED. Einwirkung von Stickstoffkohlenoxyd und von Stickstoffwasserstoffsäure unter Druck auf aromatische Kohlenwasserstoffe. Reichsmark 0·40
9. ROESER, ERNST. Die gnomonische Projektion in der hyperbolischen Geometrie. Reichsmark 0·70
10. RASCH, G. Uber die Ausnützung der Gezeiten des Meeres zur Energiegewinnung. Reichsmark 0·80
11. SALOMON, WILHELM. Magmatische Hebungen. Reichsmark 1·20

12. Pütter, A. Altersbestimmungen an Drachenbäumen von Tenerife. Reichsmark 0·90

13. Volk, Otto. Über geodätische rhombische Kurvennetze auf krummen Flächen, insbesondere auf Flächen konstanter Krümmung. Reichsmark 1·10

14. Roeser, Ernst. Die Fundamentalkonstruktion der hyperbolischen Geometrie. Reichsmark 1·40

15. Rüger, L. und Rüger-Haas, P. Palaeosemaeostoma geryonides v. Huene sp., eine sessile Meduse aus dem Dogger von Wehingen in Württemberg und Medusina liasica nov. sp., eine Coronatenähnliche Meduse aus dem mittleren Lias von Hechingen in Württemberg. Reichsmark 1·50

Jahrgang 1926.

1. Wolfgang Krull. Theorie und Anwendung der verallgemeinerten Abelschen Gruppen. Reichsmark 1·70.

2. Georg Klebs. Über periodisch wachsende tropische Baumarten. Reichsmark 1·20

3. Max Müller. Über die Oberfläche von Flächenstücken. Reichsmark 1·20.

4. Max Ernst, Über Anlagen von Organen, die nicht zur Ausbildung gelangen. Reichsmark 0·50

Abhandlungen der Heidelberger Akademie der Wissenschaften

Mathematisch-naturwissenschaftliche Klasse

Abteilung A

12. Mohr, Ernst. Über den Zusammenhang zwischen der Struktur und den morphologischen Merkmalen des Diamanten. 1924. Reichsmark 3·50

Druck: Hermann Böhlaus Nachfolger Hof-Buchdruckerei G. m. b. H. Weimar.

MIX
Papier | Fördert gute Waldnutzung
FSC® C083411

Zeitfracht Medien GmbH
Ferdinand-Jühlke-Straße 7
99095 Erfurt, Deutschland
produktsicherheit@kolibri360.de